Bandana Mallick
Bibhu Prasad

Implementação de Redes de Comunicação Verde via ROF

Bandana Mallick
Bibhu Prasad

Implementação de Redes de Comunicação Verde via ROF

ScienciaScripts

This book is a translation from the original published under ISBN 978-620-2-00721-4.

Publisher:
Sciencia Scripts
is a trademark of
Dodo Books Indian Ocean Ltd. and OmniScriptum S.R.L publishing group

120 High Road, East Finchley, London, N2 9ED, United Kingdom
Str. Armeneasca 28/1, office 1, Chisinau MD-2012, Republic of Moldova, Europe
Printed at: see last page
ISBN: 978-620-7-92179-9

ÍNDICE DE CONTEÚDOS

Agradecimentos

Aproveitamos esta oportunidade para exprimir a nossa gratidão e agradecimento ao Sr. Subhrajit Pradhan (Professor Adjunto, GIET), ao Sr. Subodh Panda (Professor Adjunto, GIET), ao Sr. K. C. Patra (Docente, Universidade de Sambalpur) e ao Sr. Subrata Chattopadhyay (Professor, NITTTR, Calcutá) pela sua constante inspiração e encorajamento.

Gostaríamos de estender os nossos sinceros agradecimentos ao Sr. Sukanta Kumar Tulo (Professor Assistente, GIET) que deu valiosos contributos para este livro.

Estamos gratos aos nossos pais por nos terem inspirado para este projeto e pelo constante encorajamento sem o qual este livro não teria existido.

Expressamos os nossos sinceros agradecimentos aos editores Lambert Academic Publishers por publicarem este livro num formato tão bonito e atempadamente.

Bandana Mallick

Bibhu Prasad

ABREVIATURAS

1. BER - Bit Error Rate
2. BS - Base Station
3. CW - Continuous Wave
4. DAC - Digital to Analogue Converters
5. DCF - Dispersion Compensating Fiber
6. FFT - Fast Fourier Transform
7. FSK - Frequency Shift Keying
8. IFFT - Inverse Fast Fourier Transform
9. ISI - Inter-Symbol Interference
10 .LPF - Low Pass Filter
11. LTE - Long Term Evolution
12. MMF - Multimode Fiber
13. MZM -Mach-Zehnder Modulator
14. OFDM - Orthogonal Frequency Division Multiplexing
15. QAM - Quadrature Amplitude Modulation
16. QPSK - Quadrature Phase Shift Keying
17. SMF - Single Mode Fiber
18. SNR - Signal to Noise Ratio
19. ROF – Radio Over Fiber
20. WiMAX - Worldwide Interoperability for Microwave Access

CHAPTER 1

Introdução à tecnologia de rádio verde

1.1 Introdução

A tecnologia de rádio ecológica descreve uma das direcções de investigação mais promissoras para reduzir o consumo de energia e as emissões de carbono das futuras estações de base. Dado o crescimento mundial do número de assinantes de serviços móveis, a passagem para a banda larga móvel com taxas de dados mais elevadas e a contribuição crescente das tecnologias da informação para o consumo global de energia no mundo, é necessário, por razões ambientais, reduzir os requisitos energéticos das redes de acesso via rádio [1]. Este desafio torna-se não trivial devido à necessidade de conseguir esta redução sem comprometer significativamente a qualidade do serviço (QoS) experimentada pelos utilizadores da rede.

Hoje em dia, o sinal sem fios pode perder-se no canal aquando da transmissão de dados. Assim, os actuais sistemas de comunicação sem fios necessitam de aumentar a capacidade da rede de acesso. O sistema de rádio sobre fibra (RoF) é útil para aumentar a capacidade e a frequência das subportadoras dos sistemas sem fios recentes[2]. Suporta tanto redes ópticas como redes sem fios. Na rede sem fios, a RoF é a próxima geração de banda larga sem fios com transmissão de dados a alta velocidade e aumento da capacidade do canal de modulação RF. Assim, o sistema sem fios da próxima geração que utiliza RoF é muito conveniente, porque tem muitas das aplicações para melhorar a modulação RF, como os conceitos WDM e OFDM. No sistema RoF, a portadora ótica é diretamente modulada na frequência da portadora sem fios entre a base e as subestações. Assim, o conceito de modulação é utilizado para futuras comunicações móveis e fixas em banda larga.

Uma das aplicações mais proeminentes do sistema de fibra ótica é a rádio sobre fibra (RoF). Trata-se de uma tecnologia que modula a luz em radiofrequência e a transmite através de fibra ótica para facilitar o acesso sem fios. Os sinais de rádio são transportados através da fibra utilizando sistemas de antenas distribuídas em redes de rádio celulares e microcelulares de fibra ótica. Os sinais de rádio em cada célula são transmitidos e recebidos de e para os utilizadores móveis através da aplicação de uma pequena caixa separada que está ligada à estação de base através de fibra ótica. As células são divididas em microcélulas para aumentar a reutilização de frequências e suportar um número crescente de utilizadores móveis. A introdução de microcélulas tem as seguintes vantagens: Em primeiro lugar, a microcélula é capaz de satisfazer as crescentes exigências de largura de banda; em segundo lugar, reduz o consumo de energia e também o tamanho dos aparelhos telefónicos. A RoF oferece vários benefícios, como baixa atenuação, grande largura de banda e imunidade a interferências de radiofrequência, flexibilidade operacional, consumo de energia reduzido e uma longa distância de transmissão de sinal.

A vantagem deste sistema é a sua utilização em várias redes móveis e fixas de banda larga, como 3G, 4G, WiMax, e os protocolos avançados podem ser suportados nos próximos sistemas de redes sem fios, como as gerações móveis[3].

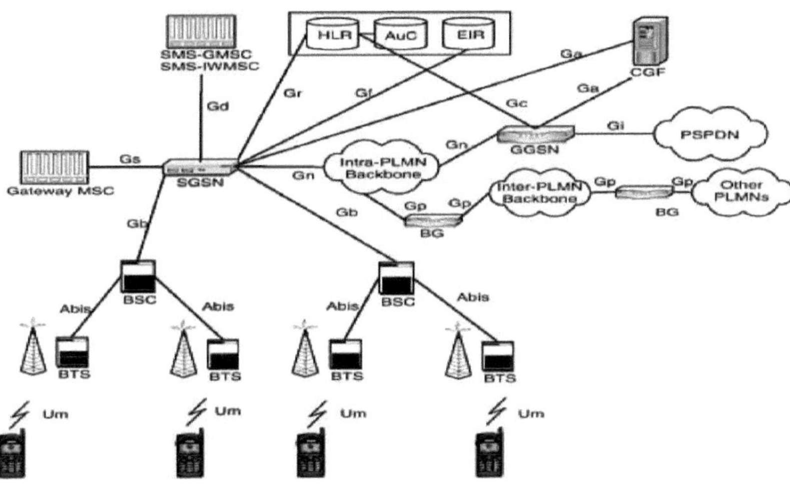

Figura 1.1: Diagrama da rede de acesso sem fios

1.2 Tecnologia de rádio verde

A tecnologia de rádio ecológica descreve uma das direcções de investigação mais promissoras para reduzir o consumo de energia e as emissões de carbono das futuras estações de base. Dado o crescimento mundial do número de assinantes de serviços móveis, a passagem para a banda larga móvel com taxas de dados mais elevadas e a contribuição crescente das tecnologias da informação para o consumo global de energia no mundo, é necessário, por razões ambientais, reduzir as necessidades energéticas das redes de acesso via rádio[4]. O programa "Rádio Verde" estabelece o objetivo de centuplicar o consumo de energia em relação às actuais concepções de redes de comunicações sem fios. Este desafio torna-se não trivial devido à necessidade de conseguir esta redução sem comprometer significativamente a qualidade do serviço (QoS) dos utilizadores da rede. Devido às crescentes preocupações do público, o conceito de uma rede de comunicações via rádio ecológica (GRCN) está a atrair rapidamente um grande interesse das comunidades de investigação da indústria e das universidades. Várias técnicas têm sido reivindicadas como soluções de baixo consumo para futuras GRCN, incluindo rádio cognitivo, retransmissão multihop e comunicações cooperativas e sistemas MIMO (multiple-input multiple-output).

A tecnologia de rádio verde tem como objetivo duas grandes reduções.

1) Fornecer um novo método para estabelecer uma rede sem fios eficiente em termos energéticos, reduzindo o consumo total de energia nas estações de base.

2) Alcançar o equilíbrio ecológico na natureza através da redução das emissões de dióxido de carbono.

1.3 Declaração do problema

A necessidade de serviços de banda larga motivou a investigação sobre a frequência de ondas milimétricas para redes de acesso sem fios, devido à velocidade, à disponibilidade de espetro, à eficiência e ao tamanho reduzido dos dispositivos que são utilizados em radiofrequência. No entanto, o sinal de ondas milimétricas está limitado à distância de transmissão devido à atenuação atmosférica[5]. Para ultrapassar as perdas na distância de transmissão, os investigadores introduziram um meio muito eficaz que tem as vantagens da baixa atenuação e, ao mesmo tempo, é livre de interferências electromagnéticas. Nesta tese, a combinação de Rádio sobre Fibra (RoF) e Multiplexagem Ortogonal por Divisão de Frequência (OFDM) é utilizada para suportar taxas de dados elevadas em longas distâncias de transmissão por fibra ótica. Como esta tese considera uma abordagem de radiocomunicação ecológica, a importante questão do elevado consumo de energia tem de ser resolvida, porque a maior parte da energia é utilizada para a regulação da temperatura do elemento laser em redes de fibra ótica[6]. Além disso, o sistema de arrefecimento do módulo laser também tem de ser arrefecido.

CHAPTER 2

TECNOLOGIA DE RÁDIO SOBRE FIBRA

2.1 Introdução à tecnologia de rádio sobre fibra

A investigação incide no acesso sem fios à RoF e na RoF baseada numa arquitetura de rede ótica passiva que visa a mobilidade eficiente, a gestão da largura de banda e o comportamento energético. Uma das aplicações mais proeminentes do sistema de fibra ótica é a rádio sobre fibra (RoF). Trata-se de uma tecnologia que modula a luz em radiofrequência e a transmite através de fibra ótica para facilitar o acesso sem fios. Os sinais de rádio são transportados através da fibra utilizando sistemas de antenas distribuídas em redes de rádio celulares e microcelulares de fibra ótica. Os sinais de rádio em cada célula são transmitidos e recebidos de e para os utilizadores móveis através da aplicação de uma pequena caixa separada que está ligada à estação de base através de fibra ótica[7]. As células são divididas em microcélulas para aumentar a reutilização de frequências e suportar um número crescente de utilizadores móveis. A introdução de microcélulas tem as seguintes vantagens: Em primeiro lugar, a microcélula é capaz de satisfazer as crescentes exigências de largura de banda; em segundo lugar, reduz o consumo de energia e também o tamanho dos aparelhos telefónicos. A antena irradiante de alta potência da estação de base é substituída por um sistema de antena dividida ligado à estação de base através de fibra ótica [8] . A RoF é normalmente utilizada para o acesso sem fios. As redes RoF funcionam essencialmente em bandas de ondas mm, que exigem uma atenuação adicional, especialmente em torno de 193,1 Hz, devido à limitação do alcance da transmissão pela absorção de oxigénio em ambientes exteriores. Em comparação com as bandas de micro-ondas, como 2,4 -5 GHz, que exigem vários BS para suportar uma vasta área de serviço, a banda de ondas milimétricas necessita de pequenas células. As redes que funcionam com um grande número de pequenas células têm de lidar com as questões da rentabilidade e da gestão da mobilidade. A RoF oferece várias vantagens, como baixa atenuação, uma grande largura de banda e imunidade às interferências de radiofrequência, flexibilidade operacional, consumo de energia reduzido e uma longa distância de transmissão do sinal.

2.2 Panorâmica geral da rádio sobre fibra (RoF)

O sistema de rádio sobre fibra é a integração da RF e da rede ótica e aumenta a capacidade de canal dos sistemas de mobilidade e aplicação, bem como diminui o custo e o consumo de energia. O sistema RoF fornece acesso por rádio e tem uma série de aplicações para se fundir nos sistemas sem fios recentes e da próxima geração. Tem um sítio central (CS) e um sítio remoto (RS) ligados a uma ligação de fibra ótica[9]. O sinal ótico é transmitido entre o CS e o RS na banda ótica através da rede RoF. Este modelo é utilizado para a conversão da BS de ótico para elétrico (O/E) e de elétrico para ótico (E/O), como mostra a Fig. 2.1.

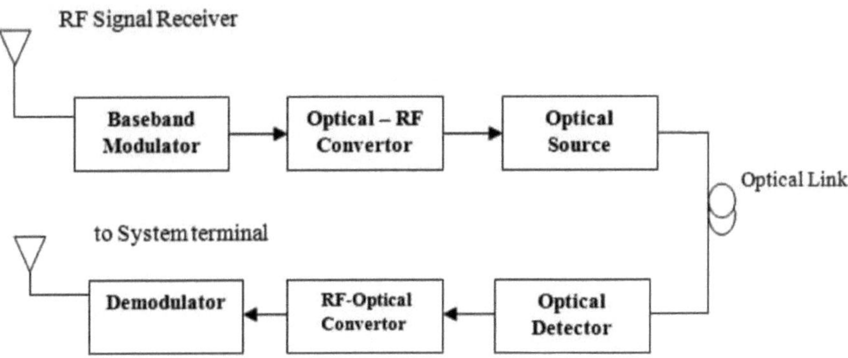

Figura 2.1: Diagrama de blocos do Radio-over-fiber (RoF)

O sistema RoF transfere os dados através de sinal ótico e modula-os para converter o sinal RF. A modulação da luz pode ser enviada diretamente para o sinal de rádio.

A maior parte deste método de modulação é utilizada como espinha dorsal do sistema de rede sem fios. O sistema RoF facilita o serviço de redes de banda larga, tanto fixas como móveis. A necessidade de aumentar a capacidade está a ser utilizada nas aplicações do sistema RoF[10]. O sinal OFDM é utilizado para sistemas sem fios e o sinal WDM é utilizado para ligações ópticas. Neste projeto, utiliza-se para aumentar a capacidade dos sistemas OFDM.

Nos sistemas RoF, os sinais sem fios são transportados sob forma ótica entre uma estação central e um conjunto de estações de base antes de serem irradiados através do ar. Cada estação de base está adaptada para comunicar através de uma ligação rádio com, pelo menos, uma estação móvel do utilizador localizada dentro do alcance rádio dessa estação de base. A vantagem é que o equipamento para WiFi, 5G e outros protocolos pode ser centralizado num único local, com antenas remotas ligadas por fibra ótica que servem todos os protocolos. A tecnologia RoF permite a convergência de redes fixas e móveis.

Os sistemas de transmissão RoF são normalmente classificados em duas categorias principais (RF-sobre-fibra; IF-sobre-fibra), dependendo da gama de frequências do sinal de rádio a transportar.

a)   Na arquitetura **RF-over-fiber**, um sinal RF (radiofrequência) portador de dados com uma frequência elevada é imposto a um sinal de onda luminosa antes de ser transportado através da ligação ótica. Por conseguinte, os sinais sem fios são distribuídos opticamente para as estações de base diretamente a altas frequências e convertidos do domínio ótico para o domínio elétrico nas estações de base antes de serem amplificados e irradiados por uma antena[11]. Consequentemente, não é necessária qualquer conversão de frequência para cima e para baixo nas várias estações de base, o que permite uma implementação simples e bastante económica nas estações de base.

b)   Na arquitetura **IF-over-fiber**, um sinal de rádio IF (frequência intermédia) com uma frequência mais baixa é utilizado para modular a luz antes de ser transportado através da ligação ótica. Por conseguinte, antes da radiação através do ar, o sinal deve ser convertido para RF na estação de base.

2.3 Benefícios do rádio sobre fibra

A tecnologia de rádio sobre fibra (RoF) implica o uso de links de fibra ótica para distribuir sinais de RF de um local central (head-end) para unidades de antena remotas (RAU). A RoF permite centralizar as funções de processamento de sinais de RF numa localização partilhada (head-end) e, em seguida, utilizar fibra ótica,[12] que oferece uma baixa perda de sinal (0,3 dB/km para comprimentos de onda de 1550 nm e 0,5 dB/km para comprimentos de onda de 1310 nm) para distribuir os sinais de RF às RAU. As suas vantagens são as seguintes:

- **A. Baixa perda de atenuação**

A distribuição eléctrica de sinais de micro-ondas de alta frequência, quer no espaço livre quer através de linhas de transmissão, é problemática e dispendiosa. No espaço livre, as perdas devidas à absorção e à reflexão aumentam com a frequência. Por conseguinte, a distribuição eléctrica de sinais de rádio de alta frequência a longas distâncias exige equipamento de regeneração dispendioso.

- **B. Grande largura de banda**

As fibras ópticas oferecem uma enorme largura de banda. Existem três janelas de transmissão principais, que oferecem baixa atenuação, nomeadamente os comprimentos de onda de *850nm, 1310nm* e *1550nm.*

Para uma fibra ótica simples (SMF), a largura de banda combinada das três janelas é superior a *50* THz. No entanto, os actuais sistemas comerciais de ponta utilizam apenas uma fração desta capacidade (1,6 THz)[13].

Mas os desenvolvimentos para explorar uma maior capacidade ótica por fibra única continuam

- **C. Imunidade às interferências de radiofrequências**

A imunidade às interferências electromagnéticas é uma propriedade muito atraente das comunicações por fibra ótica, especialmente para a transmissão por micro-ondas. Isto deve-se ao facto de os sinais serem transmitidos sob a forma de luz através da fibra. Devido a esta imunidade, os cabos de fibra são preferidos mesmo para ligações curtas em ondas mm.

- **D. Fácil instalação e manutenção**

Nos sistemas RoF, o equipamento complexo e dispendioso é mantido na extremidade principal, tornando assim as UAR mais simples. Por exemplo, a maioria das técnicas de RoF elimina a necessidade de um oscilador local (LO) e equipamentos relacionados na UAR[14].

Nestes casos, a UAR é constituída por um fotodetector, um amplificador de RF e uma antena.

O equipamento de modulação e comutação é mantido na cabeceira e é partilhado por várias UAR. Esta disposição conduz a UAR mais pequenas e mais leves, reduzindo efetivamente os custos de instalação e manutenção do sistema.

- ***E. Redução do consumo de energia***

A redução do consumo de energia é uma consequência da existência de UARs simples com equipamento reduzido, uma vez que a maior parte do equipamento complexo é mantida na cabeceira centralizada. Em algumas aplicações, as UAR são operadas em modo passivo. Por exemplo, alguns sistemas de rádio de fibra de 5 GHz que empregam pico-células podem ter as RAUs operando em modo passivo

- **F. Operação multi-operador - multi-serviço**

A RoF oferece flexibilidade de operação do sistema. Dependendo da técnica de geração de micro-ondas, o sistema de distribuição RoF pode ser transparente em termos de formato de sinal.

Por exemplo, a técnica de Modulação de Intensidade com Deteção Direta (IM-DD) pode funcionar como um sistema linear e, por conseguinte, como um sistema transparente. Isto pode ser conseguido através da utilização de fibras de baixa dispersão (SMF)[16] em combinação com subportadoras RF pré-moduladas. Nesse caso, a mesma rede RoF pode ser utilizada para distribuir tráfego multi-operador e multi-serviço, o que resulta em enormes poupanças económicas.

- **G. Atribuição dinâmica de recursos**

Uma vez que a comutação, a modulação e outras funções de RF são executadas num terminal centralizado, é possível atribuir capacidade de forma dinâmica.

Por exemplo, num sistema de distribuição RoF para o tráfego GSM, pode ser atribuída mais capacidade a uma zona (por exemplo, um centro comercial) durante as horas de ponta e depois reatribuída a outras zonas quando não há horas de ponta (por exemplo, zonas residenciais povoadas à noite). Isto pode ser conseguido atribuindo comprimentos de onda ópticos através da Multiplexagem por Divisão de Comprimento de Onda (WDM) consoante as necessidades.

2.4 Rede de acesso de fibra ótica

A tecnologia de comunicação ótica utiliza cabos de fibra ótica para transferir dados a longas distâncias, bem como para a última milha até à casa do utilizador. Esta tecnologia é capaz de ultrapassar os problemas acima descritos das redes sem fios e participar na proteção responsável do ambiente e na gestão sustentável de recursos cada vez mais escassos. A procura e a utilização da fibra ótica cresceram enormemente e as aplicações da fibra ótica estão generalizadas, desde as redes mundiais até aos computadores de secretária[17]. A capacidade de transmissão de voz, dados ou vídeo a distâncias muito curtas ou muito longas proporciona um valor considerável para as redes de comunicação como os telemóveis, os sistemas sem fios e a banda larga, devido à redução do consumo de energia e dos custos. A tecnologia da fibra ótica é considerada uma tecnologia promissora para as redes do futuro e é um sistema em que os utilizadores confiam.

2.5 Fibras ópticas

Nos sistemas de comunicação ótica, as fibras ópticas à base de sílica são o meio para a transmissão de sinais a longa distância e de grande capacidade. As características de baixa perda são a caraterística mais proeminente da fibra ótica, atingindo uma perda de 0,154 dB/km a $\lambda=1,55\mu m$ de comprimento de onda. Isto significa que a intensidade original do sinal de luz diminui para metade depois de percorrer 20 km através da fibra ótica [18].

Existem duas categorias gerais de fibras ópticas: as fibras monomodo (SMF) e as fibras multimodo (MMF). Como mostra a Figura 2-2, o diâmetro do núcleo de uma MMF é seis vezes superior ao do núcleo de uma SMF.

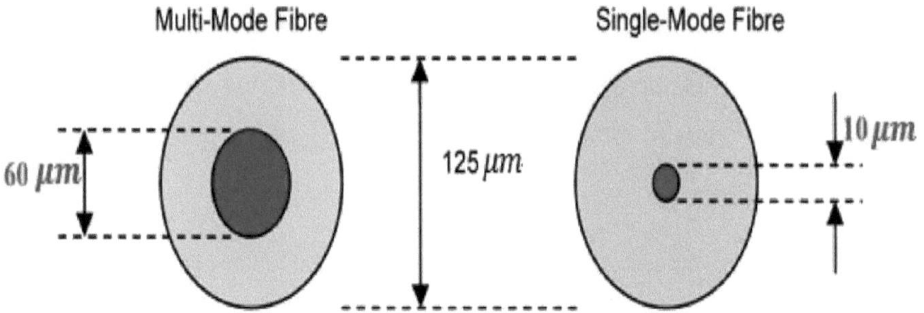

Figura 2.2: Diâmetro do núcleo da MMF e da SMF

As MMFs têm um grande diâmetro de núcleo que varia de 50 a 100 mm. As ondas de luz são espalhadas em vários caminhos, quando viajam através do núcleo do cabo, tipicamente com um comprimento de onda de 850 ou 1300nm. Os múltiplos caminhos da luz causam distorção do sinal, especialmente em comprimentos de cabo superiores a 900 m, o que leva a uma transmissão de dados incompleta e pouco clara. No entanto, a MMF oferece uma elevada largura de banda a velocidades elevadas - 100Mbit/s para uma distância até 2km; 1 Gbps para 220550m e 10Gbps para 300m - em distâncias médias e é uma aplicação de baixo custo para ligações curtas, por exemplo, em edifícios ou em campus. A implantação da MMF é atractiva porque é mais fácil de instalar do que a SMF; é consideravelmente maior, o que facilita as emendas e o zing de conectores. Além disso, é mais fácil de ligar aos módulos transceptores do que a SMF, o que é mais económico. Além disso, a MMF pode ser utilizada para a transmissão de portadores de RF sobre a largura de banda de 3 dB limitada pela dispersão modal.

A SMF é uma fibra ótica de núcleo pequeno (1-16 mm), amplamente utilizada em redes de transporte e de acesso a longas distâncias. Esta fibra obtém propriedades benéficas, como baixa atenuação, grande área de comprimento de onda e elevadas larguras de banda à distância. Em comparação com as MMF, são menos adequadas para a cablagem interior FTTH de ligações curtas, devido à elevada perda por flexão e aos elevados custos de instalação. Através da SMF, os raios de luz propagam-se ao longo de um único modo ou caminho físico. O índice de refração entre o núcleo e o revestimento é de cerca de 0,6%; para estas fibras, a fonte de luz é um laser, devido a uma abertura numérica (NA) estreita[19].

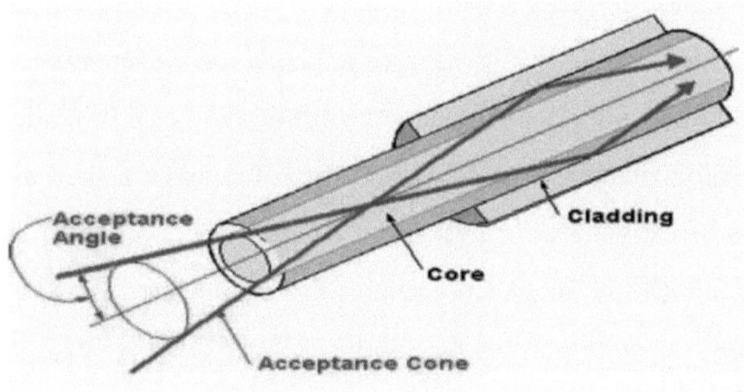

Figura 2.3: Ângulo de aceitação de uma fibra

A abertura numérica mede o ângulo máximo a que o núcleo da fibra capta a luz, descrito como o ângulo de aceitação de uma fibra ótica.

Normalmente, a SMF é aplicada em modulação de amplitude (AM), modulação de amplitude em quadratura (QAM), televisão de acesso comunitário (CATV) e transporte em banda lateral vestigial (VSB). Em comparação com a MMF, a SMF obtém menores perdas e elimina a dispersão intermodal, pelo que é aplicada em canais de alta velocidade de transmissão de dados a longas distâncias[20]. A dispersão de velocidade de grupo (dispersão cromática) é um problema significativo na transmissão de alta taxa de bits (>2,5 Gbps) em SMF.

2.6 Desafios e problemas do RdF

Existem dois tipos de cabos de fibra ótica: A fibra multimodo (MMF), utilizada para a transmissão de sinais a curta distância, e a fibra monomodo (SMF), utilizada para longas distâncias. O principal desafio da transmissão de sinais através de RoF a longa distância é a atenuação da potência e a dispersão cromática na SMF no comprimento de onda de 1550 nm, que podem limitar a transmissão do sinal. Como esta tese considera uma abordagem de radiocomunicação ecológica, a importante questão do elevado consumo de energia tem de ser resolvida, porque a maior parte da energia é utilizada para a regulação da temperatura do elemento laser nas redes de fibra ótica.

15

Além disso, o sistema de arrefecimento do módulo laser também tem de ser arrefecido. A necessidade de serviços de banda larga motivou a investigação sobre a frequência de ondas milimétricas para redes de acesso sem fios, devido à velocidade, à disponibilidade de espetro, à eficiência e à dimensão reduzida dos dispositivos utilizados em radiofrequência. No entanto, o sinal de ondas milimétricas está limitado à distância de transmissão devido à atenuação atmosférica. Para ultrapassar as perdas na distância de transmissão, os investigadores introduziram um meio muito eficaz que tem as vantagens da baixa atenuação e, ao mesmo tempo, é livre de interferências electromagnéticas. Nesta tese, a combinação de Rádio sobre Fibra (RoF) e Multiplexagem Ortogonal por Divisão de Frequência (OOFDM) é utilizada para suportar taxas de dados elevadas em longas distâncias de transmissão por fibra ótica. Além disso, é utilizada uma técnica de multiplexagem por divisão de comprimento de onda para maximizar a utilização da largura de banda e obter taxas de dados elevadas superiores a 1 Tbps.

CHAPTER 3

Multiplexagem por Divisão de Frequência Ortogonal

3.1 INTRODUÇÃO

A multiplexagem ortogonal por divisão de frequência (OFDM) tem uma eficiência de dados de espetro muito elevada. Foi concebida para melhorar a capacidade do sistema e a sua distância de transmissão através de fibra ótica e RF. As várias redes de acesso baseadas em OFDM são objeto de investigação recente, mas o OFDM baseado no sistema RoF é um projeto recente: OFDM-RoF para sistemas sem fios. Trata-se de uma técnica de modulação para as futuras comunicações sem fios de banda larga. Porque fornece espetro de propagação multipercurso no apoio à mobilidade[21]. Representa uma abordagem de conceção de sistema diferente como uma combinação de modulação e acesso múltiplo para um canal de comunicação. Divide o espetro em vários espectros de propagação iguais por parte de um utilizador. É designado por uma frequência para um único utilizador. O OFDM pode ser visto como uma forma de multiplexagem por divisão de frequência (FDM) e, quando ortogonal, partilha todos os canais numa frequência. O OFDM permite que o espetro de propagação se sobreponha, porque são ortogonais e não podem interferir com o outro na Fig. 3.1.

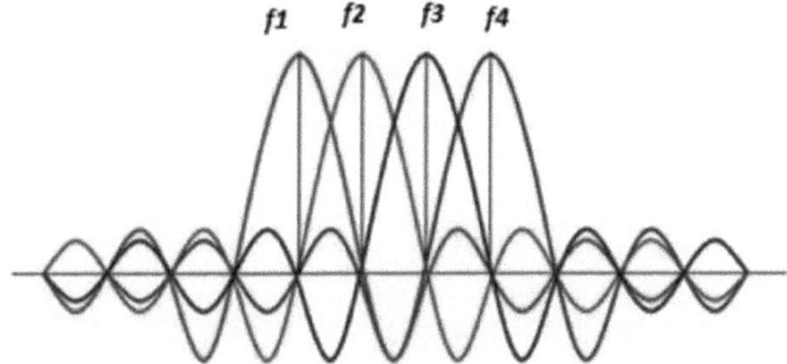

Figura 3.1: Espectro OFDM

A multiplexagem ortogonal por divisão de frequência (OFDM), enquanto tecnologia de modulação, transmite através de canais sem fios e ópticos e distribui os dados por um grande número de subportadoras que podem ser sobrepostas. O sinal de RF é obtido para a transmissão de longo curso utilizando o sistema RoF. O sistema RoF (Radio over Fiber) destina-se a aumentar a elevada ortogonalidade do sinal de modulação OFDM para a rede sem fios. É utilizado para a próxima geração de redes fixas e móveis. O OFDM para redes sem fios, juntamente com o RoF, pode ser utilizado para redes de curta e longa distância com elevada transmissão de dados. Neste documento, apresentamos o novo modelo de conversão ascendente do sinal OFDM de 10 Gb/s na frequência portadora de 7,5 GHz ao longo de 60 km, tendo sido aplicado o SMF para a modulação como o QAM. O resultado é o aumento da largura de banda do sinal RF para a rede sem fios e este modelo é executado a partir do software de simulação do sistema opti.

A Multiplexagem Ortogonal por Divisão de Frequência é uma forma de modulação de sinais que divide um fluxo modulante de elevado débito de dados, colocando-o em muitas subportadoras de banda estreita moduladas lentamente e espaçadas de perto, sendo assim menos sensível ao desvanecimento seletivo da frequência[22].

3.2 Conceito de OFDM

A OFDM é uma forma de modulação multiportadora. Um sinal OFDM consiste num número de portadoras moduladas estreitamente espaçadas. Quando a modulação de qualquer forma - voz, dados, etc. - é aplicada a uma portadora, as bandas laterais espalham-se para ambos os lados. É necessário que um recetor seja capaz de receber todo o sinal para poder desmodular os dados com êxito. Consequentemente, quando os sinais são transmitidos próximos uns dos outros, devem ser espaçados de modo a que o recetor os possa separar utilizando um filtro e deve haver uma banda de guarda entre eles. Este não é o caso do OFDM. Embora as bandas laterais de cada portadora se sobreponham, elas ainda podem ser recebidas sem a interferência que se poderia esperar, porque são ortogonais entre si. Isso é conseguido fazendo com que o espaçamento entre as portadoras seja igual ao recíproco do período do símbolo.

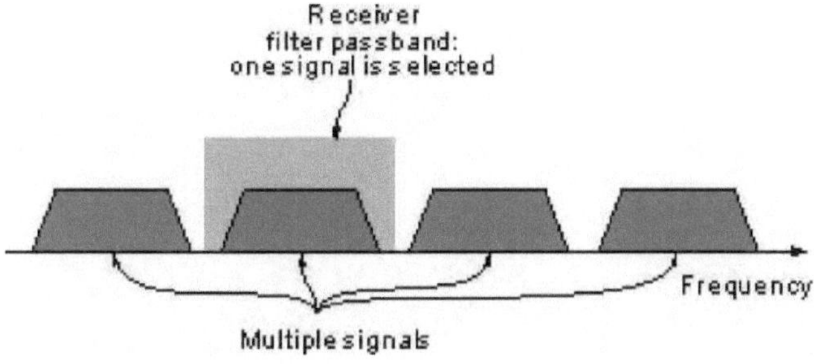

figura 3.2 Vista tradicional da receção de sinais com modulação

O recetor actua como um banco de desmoduladores, traduzindo cada portadora para DC. O sinal resultante é integrado durante o período de símbolo para regenerar os dados dessa portadora[23]. O mesmo desmodulador também desmodula as outras portadoras. Como o espaçamento entre as portadoras é igual ao recíproco do período de símbolo, isso significa que elas terão um número inteiro de ciclos no período de símbolo e a sua contribuição será igual a zero - por outras palavras, não há contribuição de interferência.

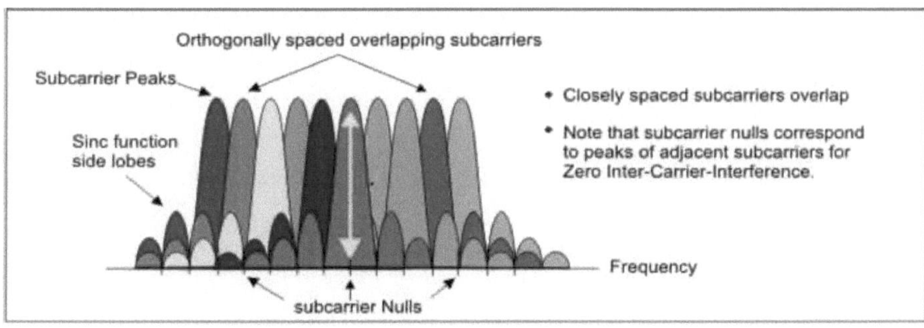

Figura 3.3 Análise do espetro OFDM

Um requisito dos sistemas de transmissão e receção OFDM é que sejam lineares. Qualquer não linearidade causará interferências entre as portadoras em resultado da distorção da intermodulação. Isto introduzirá sinais não desejados que causarão interferências e prejudicarão a ortogonalidade da transmissão. Em termos do equipamento a utilizar, o elevado rácio pico/média dos sistemas com várias portadoras, como o OFDM, exige que o amplificador final de RF na saída do transmissor seja capaz de lidar com os picos, enquanto a potência média é muito inferior, o que conduz à ineficiência. Em alguns sistemas, os picos são limitados. Embora isto introduza distorção que resulta num nível mais elevado de erros de dados, o sistema pode contar com a correção de erros para os eliminar.

3.3 Transreceptor OFDM

Geralmente, há muitas formas diferentes de modular e desmodular um transcetor OFDM. A figura 3.4 mostra o diagrama de blocos do transmissor e do recetor OFDM. Como se mostra neste diagrama do transmissor OFDM, os dados são mapeados utilizando técnicas de modulação multinível, como a modulação de amplitude em quadratura (QAM), o chaveamento por deslocação de frequência (FSK) e o chaveamento por deslocação de fase (PSK). Depois disso, o fluxo de bits é convertido de série para paralelo e seguido da transformada rápida inversa de Fourier (IFFT). Um intervalo de guarda é colocado após a caixa IFFT para garantir que não haja sobreposição entre os sinais[24].

O último passo no transmissor OFDM é converter o fluxo de bits de paralelo para série e depois enviar os dados através de um canal. No recetor OFDM, é realizado o mesmo processo que no transmissor, mas com a função oposta. O primeiro passo no recetor OFDM é que os dados sejam convertidos de série. Em seguida, o intervalo de guarda (ou prefixo cíclico) será removido dos dados. Depois disso, é realizada uma Transformada Rápida de Fourier (FFT), que fará a função oposta à da IFFT. Finalmente, o sinal será demodulado para obter o sinal original de volta.

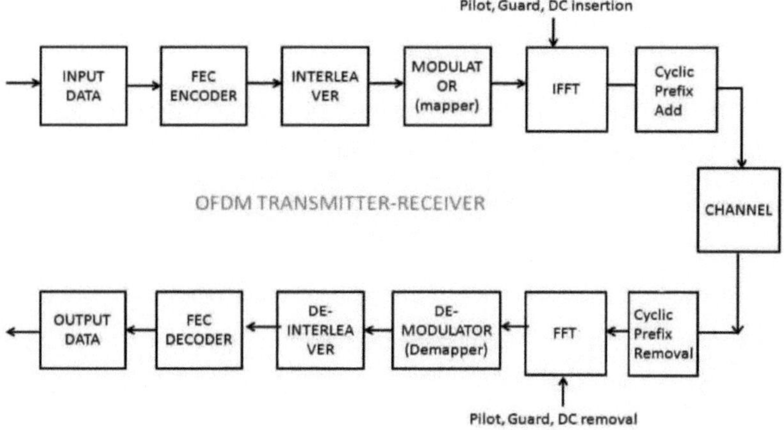

Figura 3.4: Transmissor-recetor OFDM

3.3.1 Diagrama de constelação de QAM

Um símbolo de dados é representado por uma constelação bidimensional. O símbolo de dados que indica a informação original é mostrado como pequenos pontos no diagrama de constelação. O símbolo de dados é interpretado como um número complexo em que o eixo x representa a parte real e o eixo y representa a parte imaginária[25]. O número de pontos que representa o símbolo de dados depende do tipo de método de modulação utilizado no sistema. Por exemplo, o método de modulação de amplitude em quadratura (QAM) tem 2 bits por símbolo. Portanto, tem 4 pontos de sinal representados no diagrama de constelação, como mostra a Figura 3.4

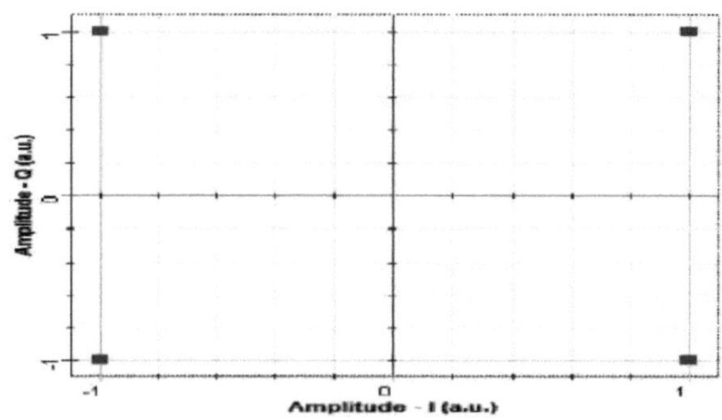

3.3.2 Conversão de série para paralelo

Depois de converter os dados em valores complexos, a sequência do fluxo de dados será convertida de série para paralela. Os símbolos de dados paralelos resultantes são organizados num número de subconjuntos. O número de símbolos de dados que são transportados por cada subconjunto pode ser determinado pelo número de subportadoras. Para ilustrar esta operação, vamos supor que temos oito símbolos de dados a serem transmitidos por quatro subportadoras. O número de símbolos de dados para cada subconjunto pode então ser determinado facilmente dividindo o número de símbolos de dados pelo número de subportadoras.

3.3.3 Transformada rápida inversa de Fourier (IFFT)

Os símbolos do OFDM precisam de ser gerados rapidamente. Como já foi referido, o OFDM é uma técnica de modulação multiportadora. Para gerar os símbolos OFDM, é necessário um oscilador de radiofrequência único para cada portadora. Gerar os símbolos OFDM desta forma é um grande desafio devido ao grande número de subportadoras e à dificuldade de manter a ortogonalidade entre os sinais. O OFDM é de grande interesse para os investigadores que tentam ultrapassar estas dificuldades na geração de símbolos OFDM. O princípio deste método foi inventado por Cooley e Tukey em 1965 [26]. A complexidade do transcetor OFDM é reduzida com a utilização da FFT e da sua inversa IFFT. O algoritmo FFT pode ser usado para garantir que não ocorram interferências entre os sinais adjacentes, apoiando a ortogonalidade do sistema. A vantagem mais importante da técnica de modulação OFDM é a ortogonalidade, porque permite que um sistema atinja uma elevada eficiência espetral e uma grande largura de banda. Além disso, se a ortogonalidade for satisfeita num sistema, isso significa que não ocorre degradação ou interferência entre os sinais adjacentes:

1.   O recetor e o transmissor devem estar perfeitamente sincronizados. Isto significa que ambos devem assumir exatamente a mesma frequência de modulação e a mesma escala de tempo para a transmissão (o que normalmente não é o caso).

2.   Os componentes analógicos, que fazem parte do emissor e do recetor, devem ser de qualidade muito elevada.

3.   Não deve haver nenhum canal multipercurso.

3.3.4 Intervalo de guarda OFDM

Para garantir que um sistema atinge a ortogonalidade e que não ocorre interferência intersimbólica (ISI), o intervalo de guarda deve ser inserido entre os símbolos OFDM. A interferência entre os símbolos OFDM ocorre porque alguns dos símbolos OFDM sofrem atrasos na transmissão. Por conseguinte, é utilizado um intervalo de guarda para manter um espaço entre os símbolos adjacentes, evitando interferências. Existem dois métodos para criar um intervalo de guarda entre os símbolos OFDM: o prefixo cíclico (CP) e o sufixo cíclico (CS). No método do prefixo cíclico, a última parte do símbolo é copiada e inserida no início do símbolo. No método do sufixo cíclico, a cabeça do símbolo OFDM é copiada e inserida no final do símbolo.

3.4 Demodulação OFDM

Na desmodulação OFDM, é efectuado o mesmo processo que na modulação OFDM, mas com uma função oposta. O primeiro passo no diagrama de blocos do recetor OFDM é converter o sinal de série para paralelo. Em seguida, o CP é removido dos símbolos OFDM. Depois disso, a Transformada Rápida de Fourier (FFT) é aplicada aos sinais e é seguida pelo estimador de canal para converter o sinal para o domínio da frequência e obter o sinal original. Antes de desmodular o sinal utilizando qualquer um dos diferentes tipos de desmodulador multinível, o sinal é convertido de paralelo para série e obtém-se o sinal original. Antes de desmodular o sinal utilizando qualquer um dos diferentes tipos de desmodulador multinível, o sinal é convertido de paralelo para série.

3.4.1 Remoção do período de guarda

Como mencionado anteriormente, o intervalo de guarda é inserido para evitar a ISI. No recetor OFDM, o intervalo de guarda deve ser removido para obter a forma original do símbolo OFDM. A Figura 3.6 ilustra como o comprimento do CP, que é anotado como

, é removido para recuperar o comprimento do símbolo OFDM.

3.4.2 Transformada rápida de Fourier (FFT)

A Transformada Rápida de Fourier é aplicada aos símbolos do OFDM depois de retirar o CP. Neste passo, os valores reais serão convertidos para o domínio da frequência utilizando a FFT. Para recuperar a informação original, as subportadoras são removidas através da FFT. A utilização da FFT oferece um método eficiente para remover as subportadoras num único passo, em vez de utilizar um grande número de osciladores e filtros.

3.4.3 Conversão de paralelo para série

A operação de conversão de um símbolo paralelo para série é efectuada da mesma forma que no diagrama de blocos do transmissor OFDM. O objetivo deste passo é recuperar o comprimento original da duração, uma vez que os símbolos paralelos têm um comprimento de duração mais curto. Ao efetuar este processo, a recuperação do binário é fácil depois de este ser transmitido através do sistema.

3.5 VANTAGENS E DESVANTAGENS DA OFDM

3.5.1 Vantagens do OFDM

O OFDM tem sido utilizado em muitos sistemas sem fios de elevado débito de dados devido às muitas vantagens que oferece.

• **Imunidade ao desvanecimento seletivo:** Uma das principais vantagens do OFDM é que é mais resistente ao desvanecimento seletivo em frequência do que os sistemas de portadora única, porque divide o canal global em múltiplos sinais de banda estreita que são afectados individualmente como sub-canais de desvanecimento plano.

• **Resiliência às interferências:** as interferências que surgem num canal podem ser limitadas em termos de largura de banda e, deste modo, não afectam todos os subcanais. Isto significa que nem todos os dados se perdem.

• **Eficiência do espetro:** Utilizando subportadoras sobrepostas a espaços reduzidos, uma vantagem significativa do OFDM é o facto de utilizar eficientemente o espetro disponível.

- **Resiliente à ISI:** Outra vantagem do OFDM é o facto de ser muito resistente à interferência entre símbolos e entre quadros. Isto resulta da baixa taxa de dados em cada um dos subcanais.

- **Resiliente a efeitos de banda estreita :** Utilizando uma codificação de canal e uma intercalação adequadas, é possível recuperar símbolos perdidos devido à seletividade de frequência do canal e à interferência de banda estreita. Nem todos os dados são perdidos.

- **Equalização de canal mais simples :** Um dos problemas dos sistemas CDMA era a complexidade da equalização do canal, que tinha de ser aplicada em todo o canal. Uma vantagem do OFDM é que, ao utilizar múltiplos subcanais, a equalização do canal torna-se muito mais simples.

3.5.2 Desvantagens do OFDM

Embora o OFDM tenha sido amplamente utilizado, existem ainda algumas desvantagens que devem ser tidas em conta quando se considera a sua utilização.

- **Elevado rácio entre pico e potência média :** Um sinal OFDM tem uma variação de amplitude semelhante a ruído e tem uma gama dinâmica relativamente elevada, ou rácio pico/potência média. Isto tem impacto na eficiência do amplificador RF, uma vez que os amplificadores têm de ser lineares e acomodar as grandes variações de amplitude e estes factores significam que o amplificador não pode funcionar com um nível de eficiência elevado.

- **Sensível ao desvio e à deriva da portadora:** Outra desvantagem do OFDM é o facto de ser sensível ao desvio e à deriva da frequência portadora. Os sistemas de portadora única são menos sensíveis.

3.6 Variantes OFDM

Existem várias outras variantes de OFDM para as quais as iniciais são vistas na literatura técnica. Estas seguem o formato básico do OFDM, mas têm atributos ou variações adicionais:

- **COFDM:** Coded Orthogonal frequency division multiplexing (multiplexagem por divisão de frequência ortogonal codificada). Uma forma de OFDM em que a codificação de correção de erros é incorporada no sinal.

- **Flash OFDM:** Trata-se de uma variante do OFDM desenvolvida pela Flarion e é uma forma de salto rápido de OFDM. Utiliza múltiplos tons e saltos rápidos para espalhar sinais numa determinada banda do espetro.

- **OFDMA:** Acesso múltiplo por divisão ortogonal de frequências. Um esquema utilizado para fornecer uma capacidade de acesso múltiplo para aplicações como as telecomunicações celulares quando se utilizam tecnologias OFDM.

- **VOFDM:** Vetor OFDM. Esta forma de OFDM utiliza o conceito de tecnologia MIMO. Está a ser desenvolvida pela CISCO Systems. MIMO significa Multiple Input Multiple output (entrada múltipla, saída múltipla) e utiliza várias antenas para transmitir e receber os sinais, de modo a que os efeitos de trajetória múltipla possam ser utilizados para melhorar a receção do sinal e as velocidades de transmissão suportadas.

- **WOFDM:** OFDM de banda larga. O conceito desta forma de OFDM é que utiliza um grau de espaçamento entre os canais suficientemente grande para que quaisquer erros de frequência entre o transmissor e o recetor não afectem o desempenho. É particularmente aplicável a sistemas Wi-Fi.

Cada uma destas formas de OFDM utiliza o mesmo conceito básico de utilização de portadoras ortogonais espaçadas, cada uma transportando sinais de baixa taxa de dados. Durante a fase de desmodulação, os dados são então combinados para fornecer o sinal completo.

A OFDM, multiplexagem ortogonal por divisão de frequências, ganhou uma presença significativa no mercado sem fios[28]. A combinação de elevada capacidade de dados, elevada eficiência espetral e a sua resistência às interferências resultantes de efeitos de trajetória múltipla significa que é ideal para as aplicações de elevado volume de dados que se tornaram um fator importante no panorama atual das comunicações.

CHAPTER 4

Sinais WiMAX distribuídos utilizando várias técnicas de modulação via RoF

4.1 Introdução

Neste capítulo, a tese propõe e demonstra a melhoria da eficiência energética do WiMAX na comunicação por rádio verde, utilizando um sistema de rádio sobre fibra. Em primeiro lugar, é apresentada a simulação de um sinal WiMAX transmitido por via aérea durante 5 km e comparada com a transmissão por RoF. A fim de compensar a atenuação elevada da fibra e a dispersão cromática, que são os problemas mais graves que criam desvios e alterações do espetro de frequências, levando a uma extensão extremamente limitada da transmissão de sinais distintos, foi aplicado um sistema de dispersão simétrica. Além disso, os resultados mostram uma elevada relação sinal-ruído (SNR) e uma redução substancial da potência de até 90% no WiMAX-RoF[29]. Numa terceira fase, esta tese demonstra uma transmissão de sinal WiMAX móvel de 120 Mbps através da combinação de SMF, DCF e CFBG para superar a atenuação da fibra e a dispersão cromática e, assim, aumentar a taxa de bits de dados.

Os sistemas de comunicação, como os sistemas de banda larga sem fios e de banda larga móvel, proporcionam um melhor serviço ao cliente, melhorando a mobilidade, a acessibilidade e a simplicidade da comunicação entre os seres humanos. Por conseguinte, tem havido um interesse crescente no sistema de interoperabilidade mundial para o acesso às micro-ondas (WiMAX), no sistema móvel WiMAX IEEE 802.16 e 802.16e-2005. Em comparação com o Universal Mobile Telecommunication System (UMTS) e o Global System for Mobile communications (GSM), o WiMAX oferece uma largura de banda significativa alargada, utilizando a largura de banda do canal de 20 MHz e uma técnica de modulação melhorada (QAM).

Quando o equipamento está a funcionar com modulação de baixo nível e amplificadores de alta potência, os sistemas WiMAX são capazes de servir áreas de cobertura geográfica mais vastas e suportam as diferentes constelações de técnicas de modulação, como BPSK, QPSK, 4-QAM, etc. A camada física do WiMAX consiste em OFDM que oferece resistência ao multipercurso. Esta camada permite que o WiMAX funcione em ambientes sem linha de visão (NLOS) e, em particular, é compreendida para atenuar o multipercurso na banda larga sem fios. O WiMAX fornece esquemas de modulação e de codificação de correção de erros a posteriori (FEC) que se adaptam às condições do canal; podem ser alterados por utilizador e por quadro. Teoricamente, a dimensão média das células do WiMAX pode atingir 50 km e o débito de bits pode atingir 75 Mbps para uma banda de canal de 20 MHz, mas, na realidade, o débito de bits pode atingir 7 Mbps e a área de cobertura apenas 8 km. Para atingir o ótimo definido, é necessário resolver os seguintes problemas na transmissão do sinal: perda de percurso, interferência do canal, desvanecimento, propagação do Doppler e propagação do atraso multipercurso.

4.2 WiMAX-Tx via ar

A secção seguinte descreve a simulação do ofdm com o modelo de PHY MAN-OFDM sem fios RoF IEEE 802.16 para representar o elevado consumo de energia e o alcance de transmissão extremamente limitado de um sistema sem fios, em que o sinal é enviado através do ar.

Esta configuração permite examinar e medir o consumo de energia e a SNR para a distância de 1 a 5 KM para um sinal WiMAX transmitido via ar de 31 dBm e 3,5 GHz.

Como ilustrado na Figura 4.1, o transmissor WiMAX é colocado no topo de uma antena, normalmente com 30 m de altura, e a partir daí o Tx envia o sinal num raio de 1 a 5 km. Na área do cliente, é colocado o recetor WiMAX,

receber o sinal irradiado para diferentes serviços, como a telefonia móvel, o acesso às empresas e o backhaul, o acesso à banda larga móvel e fixa.

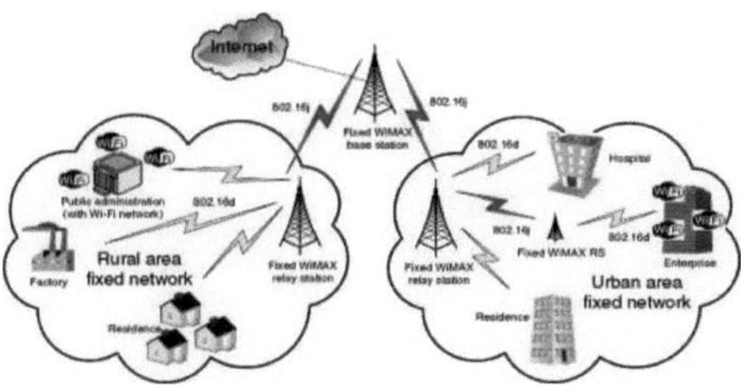

Figura 4.1: Radiação do transmissor WiMAX.

Através de um canal com desvanecimento, o sistema WiMAX poderá mudar para um esquema de modulação inferior para manter a qualidade da ligação e a estabilidade da ligação. Esta capacidade permite que o sistema supere o desvanecimento seletivo no tempo. A modulação adaptativa alarga a gama de esquemas de modulação mais elevados que estão a ser aplicados. O sistema pode ser flexível em relação às condições reais de desvanecimento em vez de uma configuração fixa projectada para as piores condições possíveis.

Após a modulação do sinal, o sinal de dados seria distribuído pela tecnologia OFDM ortogonal WiMAX, que fornece ao operador um mecanismo eficiente para ultrapassar os desafios da propagação NLOS. O sinal OFDM WiMAX oferece a vantagem de poder funcionar com um atraso maior no canal NLOS. O sinal OFDM eliminou os problemas de interferência inter-símbolos (ISI) e a complexidade da equalização adaptativa devido ao longo período do símbolo OFDM e à utilização de um prefixo cíclico.

4.3 WiMAX via RoF-SMF

Nesta configuração, o sinal WiMAX é convertido num sinal ótico e transmitido através de um cabo de fibra ótica, designado por fibra monomodo (SMF), para prolongar a transmissão do sinal WiMAX por mais de 100 km e para provar que o meio de fibra ótica é ideal para longas distâncias de transmissão. O WiMax funciona através de ondas de rádio num modelo de torre-recetor. Uma única torre WiMax pode fornecer uma cobertura de cerca de 8.000 km quadrados (3.000 milhas quadradas) e também ligarse a outras torres através de uma ligação de micro-ondas em linha de vista para alargar ainda mais a cobertura. Um prato de antena montado no telhado pode receber informações às taxas de transferência de dados mais rápidas, ou um chip recetor interno num computador pessoal, telemóvel ou outro dispositivo pode comunicar sem linha de vista a velocidades mais baixas. Em condições óptimas, o WiMax oferece velocidades de transferência de dados até 75 megabits por segundo (Mbps), o que é superior às ligações convencionais por modem de cabo e DSL. No entanto, a largura de banda tem de ser dividida por vários utilizadores, pelo que, na prática, os débitos são inferiores.

O desenvolvimento do WiMax começou no início do século XXI. O fabricante americano de circuitos integrados Intel Corporation investiu substancialmente na criação de chipsets receptores e foi um dos principais defensores da tecnologia. Os obstáculos técnicos à obtenção de uma velocidade e cobertura óptimas, combinados com a concorrência de sistemas rivais, dificultaram o desenvolvimento das primeiras redes. Em 2008, os fornecedores de serviços sem fios americanos Sprint Nextel Corporation e Clearwire Corporation - ambos pioneiros na adoção do WiMax - concluíram um acordo para fundir os seus esforços WiMax, com o objetivo de alargar a sua cobertura 4G a todos os Estados Unidos nos anos seguintes.

4.4 WIMAX VIA SMF-DCF

Os principais impedimentos à transmissão de sinais a longa distância no sistema de fibra ótica, especialmente no sistema de rádio sobre fibra (RoF), são a dispersão cromática e a atenuação da potência do sinal. Além disso, o consumo de energia no díodo laser e nos amplificadores ópticos afecta os custos de transmissão do sinal; no entanto, é inferior ao de um sistema sem fios. Por conseguinte, a diminuição do consumo de energia e da dispersão cromática e o aumento da taxa de bits de dados em RoF são as exigências da tecnologia atual e futura dos sistemas de fibra ótica. A fim de aumentar a distância de transmissão do sinal e melhorar o espetro de frequências, estudamos neste artigo uma transmissão móvel do sinal WiMAX (Worldwide Interoperability for Microwave Access) sobre RoF através de um sistema de dispersão simétrica tripla. A combinação de três fibras diferentes - fibra monomodo (SMF), fibra de compensação da dispersão (DCF) e rede de Bragg em fibra quiralada (CFBG) - é utilizada para transmitir um sinal WiMAX móvel escalável de acesso múltiplo por divisão de frequência ortogonal (OFDMA) de 120 Mbps com uma frequência portadora de 3,5 GHz e uma largura de banda de 20 MHz num sistema RoF. Para compensar a dispersão, são utilizados o SMF e o DCF e, especificamente, o CFBG de alto refletor é aplicado para reduzir a perda de potência do sinal. No nosso estudo, o sinal WIMAX é transmitido através de um sistema de dispersão simétrica tripla constituído por 2xDCF (20 km) e 2xSMF (100 km) ligados a SMF (24 km) e CFBG. Os resultados da simulação indicam claramente que o comprimento limitado de transmissão do sinal e a taxa de bits de dados no sistema RoF, causados pela atenuação da fibra e pela dispersão cromática, podem ser ultrapassados pela combinação de SMF, DCF e CFBG. A distância de transmissão na fibra é alargada para 792 km, a SNR e a OSNR são altamente satisfatórias; simultaneamente, o consumo de energia é reduzido.

CHAPTER 5

Conceção e simulação de sistemas

5.1 Introdução:

A procura de alta velocidade e de grande largura de banda para as comunicações móveis sem fios tem aumentado rapidamente nos últimos anos. A multiplexagem ortogonal por divisão de frequências (OFDM), que é uma técnica de modulação avançada, foi recentemente considerada uma opção viável para satisfazer a procura crescente de taxas de dados elevadas e de grande capacidade[30]. A OFDM está a ser apresentada como um esquema promissor para suportar uma grande capacidade e uma elevada eficiência espetral nas redes avançadas de comunicações por fibra ótica.

Nesta tese, o projeto e a simulação de OFDM, combinado com RoF, são estudados e investigados. Em primeiro lugar, é simulado o projeto de um sistema OFDM 4-QAM-OFDM de utilizador único integrado com RoF com uma taxa de dados de 10 Gbps e a várias distâncias de transmissão SMF. O desempenho do sistema é investigado através do estudo do diagrama de constelação.

5.2 Metodologia

Podem ser utilizados muitos métodos diferentes para investigar a área dos sistemas de comunicação por fibra ótica, como a realização de experiências e a utilização de programas de simulação.

Na prática, a conceção de um modo de sistema é dispendiosa e demorada. Além disso, o equipamento de medição em fibra ótica necessário para medir o desempenho do sistema é muito dispendioso. Existem diferentes métodos de investigação no domínio dos sistemas ópticos, como as experiências e as simulações. A construção de um projeto e o seu teste em experiências práticas é um método dispendioso e moroso. Para minimizar os requisitos de tempo e de custos e também para alargar a investigação, este estudo centra-se em experiências de simulação baseadas no software OptiSystem, a fim de investigar o desempenho da transmissão de sinais para diferentes configurações abrangentes. A ferramenta de conceção de software OptiSystem, da empresa canadiana Optiwave, é utilizada por empresas de telecomunicações de todo o mundo, como a Huawei, a Alcatel, a Fujitsu, a Anritsu, etc. Esta ferramenta de simulação oferece uma vasta gama de componentes ópticos e sem fios e de parâmetros para o planeamento de redes ópticas completas, o que permite ao investigador trabalhar de forma altamente eficaz com custos e prazos reduzidos.

5.3 Software de simulação OptiSystem

O custo e o tempo podem ser reduzidos quando a conceção de um modelo de sistema é efectuada com recurso a software de simulação. Além disso, os projectistas podem alargar a sua investigação utilizando software de simulação. Nesta tese, todos os modelos de sistemas e simulações são efectuados utilizando um software de simulação chamado OptiSystem para estudar o desempenho de diferentes modelos de sistemas. Este software oferece uma vasta gama de parâmetros sem fios e ópticos, que ajudam os investigadores a conceber uma rede de fibras ópticas completa. O OptiSystem permite aos utilizadores conceber, simular e testar o desempenho de diferentes parâmetros e redes ópticas:

□ Conceção do anel SONET/SDH;

□ Conceção do emissor, do recetor e do amplificador;

□ Conceção da próxima geração de redes ópticas

5.4 Visão geral da conceção do sistema - Princípio de funcionamento

A ideia principal deste projeto é incorporar a técnica de modulação OFDM nas redes de sistemas de rádio sobre fibra (ROF). O princípio básico do OFDM é dividir fluxos de dados de alta taxa em fluxos de taxa mais baixa, que são então transmitidos simultaneamente por várias subportadoras. O sistema tem um bom espaçamento entre portadoras, o que permite que os subcanais mantenham a ortogonalidade, embora cada subcanal se sobreponha dentro do sistema. Por conseguinte, não existe interferência entre subportadoras nos sistemas OFDM ideais.

Neste projeto, o modelo do sistema OFDM ótico é normalmente constituído por quatro partes: Transmissor OFDM, ligação de fibra ótica, fotodetecção e recetor OFDM. Para gerar o sinal ortogonal OFDM na estação de base (BS), é necessário varrer o sinal de entrada e introduzi-lo no gerador de sequência M-QAM e no modulador OFDM. Na ligação ótica do modulador LiNb, o sinal de onda eléctrica do transmissor OFDM é combinado com a luz de onda contínua do laser CW. Estas duas ondas são então moduladas pelo modulador LiNb para formar o sinal ótico que é enviado através da fibra ótica na direção da propagação da luz. A utilização de um laser significa que é possível uma modulação de vários gigahertz e que se assume que a emissão de luz estimulada é direcional. O comprimento da fibra para a ligação de transmissão é de 50 Km com modulação do tipo 4 QAM/ 4 bits por símbolo. Na implementação do recetor, é utilizado um fotodíodo PIN para converter diretamente a potência ótica em potência eléctrica na extremidade do recetor. O sinal é então recombinado novamente no recetor OFDM para obter os dados originais.

A multiplexagem ortogonal por divisão de frequência (OFDM) tem desempenhado um papel importante nas comunicações sem fios desde há muitos anos. Recentemente, a OFDM ótica surgiu como uma nova tendência nas redes de comunicações ópticas para ultrapassar os efeitos da dispersão na fibra ótica.

O OFDM utiliza diferentes subportadoras para enviar taxas baixas em fluxos de dados paralelos. A modulação de amplitude em quadratura (QAM) da matriz M é utilizada para modular as subportadoras antes de serem transportadas numa portadora de micro-ondas de alta frequência. No OFDM, a modulação em amplitude em quadratura multinível (MQAM) permite a transmissão de débitos de dados muito elevados. Pode reduzir a quantidade de dispersão produzida pelo atraso multipercurso. Além disso, os símbolos OFDM utilizam um intervalo de guarda, que elimina a interferência inter-símbolos (ISI) produzida por um canal dispersivo.

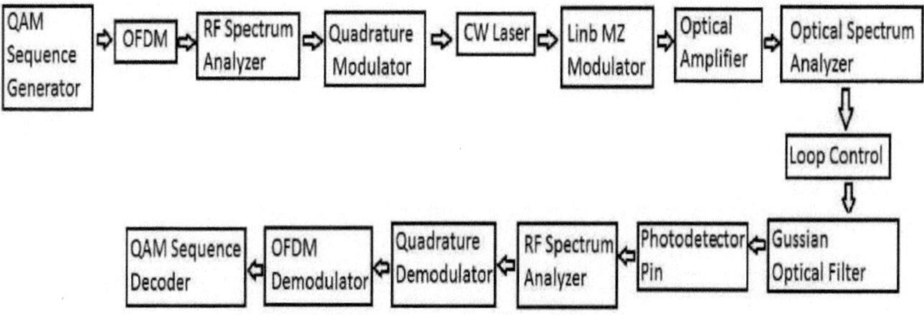

Figura 5.1: Diagrama de blocos do OFDM-ROF utilizando QAM

5.5 Secção do modelo de transmissor OFDM-RoF

Na secção do transmissor, um bloco de sequência binária pseudo-aleatória (PRBS) cria uma sequência de bits aleatória como entrada do sinal OFDM. Em seguida, o sinal de entrada é transmitido para o gerador de sequência 4-QAM, que é depois enviado para o modulador OFDM para efeitos de modulação. O analisador de espetro RF é ligado a uma das portas de saída do modulador OFDM para obter o espetro de entrada. A saída do sinal modulado é dada aos dois filtros LP Cosine Roll off de entrada e, à saída do filtro LP Cosine, é ligado outro analisador de espetro RF juntamente com um visualizador de constelações eléctricas para obter o espetro do sinal de entrada desejado. Em seguida, o sinal é enviado para o modulador de quadratura com uma frequência de 7,5 GHz para ser submetido a modulação em quadratura. Na porta de saída do modulador de quadratura, liga-se outro analisador de espetro RF para obter o espetro do sinal de entrada. Em seguida, o sinal é transmitido para o laser CW com uma potência de 4 dBm. O sinal recebido do laser é enviado para o modulador LiNb MZ para conversão eléctrica em ótica[31]. Para gerar o sinal ortogonal OFDM na estação de base (BS), é necessário varrer o sinal de entrada e introduzi-lo no gerador de sequências M-QAM e no modulador OFDM. Na ligação ótica do modulador LiNb, o sinal de onda eléctrica do transmissor OFDM é combinado com a luz de onda contínua do laser CW. Estas duas ondas são então moduladas pelo modulador LiNb para formar o sinal ótico que é enviado através da fibra ótica na direção da propagação da luz. O modulador de niobato de lítio (LiNb) é utilizado para modular o transmissor OFDM-RoF (Tx) com uma portadora de radiofrequência (RF) para a portadora ótica, utilizando um sinal de díodo laser de onda contínua (CW). A utilização de um laser significa que é possível uma modulação multi-gigahertz e que se assume que a emissão de luz estimulada é direcional. Dado que o laser emite a luz a partir da superfície, a fibra monomodo ou multimodo pode ser diretamente acoplada a uma tecnologia de montagem pouco dispendiosa. O comprimento da fibra para a ligação de transmissão é de 50 Km com modulação do tipo 4 QAM/ 4 bits por símbolo. Na implementação do recetor, o fotodíodo PIN é utilizado para converter diretamente a potência ótica em corrente (fluxo de electrões) na extremidade do recetor. O sinal recombina-se então novamente no recetor OFDM para obter os dados originais.

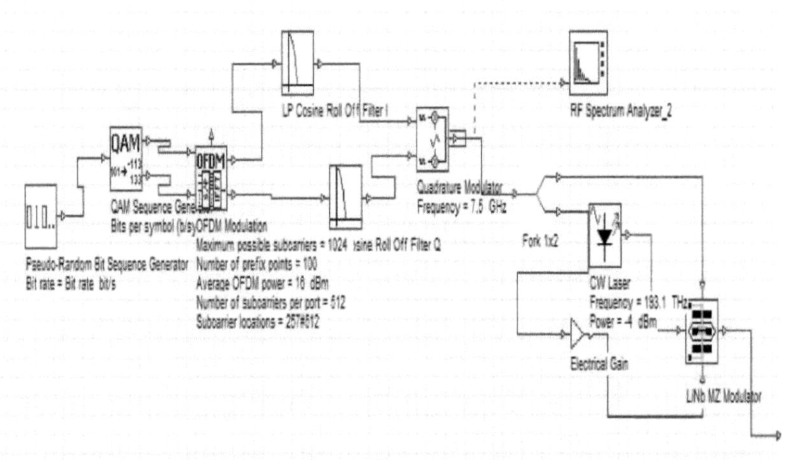

Figura 5.2 : Parte do transmissor OFDM ROF

Tabela 1. Parâmetros do modulador OFDM.

Número de transportadoras secundárias	512
Transportadores máximos possíveis	1024
Potência OFDM média	16dBM

Número de pontos de prefixo	16

5.6 MODELO DE LIGAÇÃO ÓPTICA

A partir da parte do transmissor RF-OFDM, após a execução da RF, a modulação do sinal é enviada através da ligação ótica antes de ser recebida pelo recetor RF-OFDM. Aqui, o sinal é alimentado na ligação ótica que é o modulador LiNb para a conversão eléctrica em ótica. O sinal executado é totalmente convertido em OFDM ótico para aumentar até Gb/s, mesmo para uma transmissão de dados elevada de Tb/s. O modulador LiNb é utilizado para a conversão eléctrica em ótica e ótica em eléctrica utilizando o software de simulação Optisystem.

A saída do modulador LiNb MZ é fornecida ao amplificador ótico, que é depois passado para um dispositivo de controlo de laços com um número de laços igual a 20, cuja saída é fornecida à fibra ótica com um comprimento de 50 km. Basicamente, actua como uma rede de alimentação para melhorar a rede sem fios existente entre a unidade transmissora e o sistema recetor, que é capaz de suportar taxas de dados da ordem dos Gbps. A figura 3 mostra a ligação ótica.

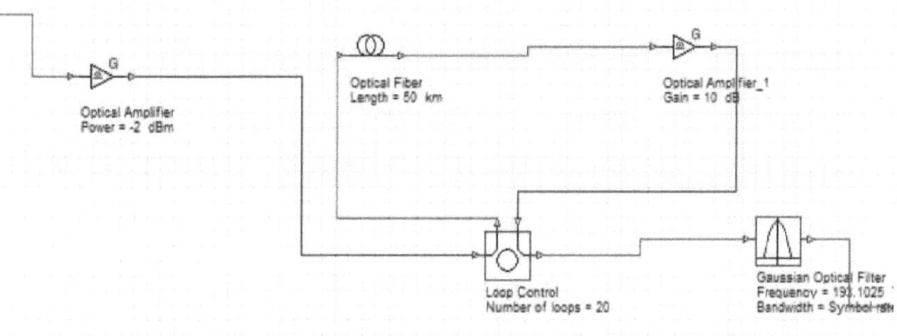

Figura 5.3: Ligação ótica

5.7 Secção do modelo do recetor OFDM- RoF

Um inverso exato do processo do transmissor é realizado na extremidade recetora. Em seguida, os dados são recebidos de volta da ligação ótica na desmodulação OFDM ou na parte recetora OFDM. Nesta simulação, os sinais recebidos também são ganhos pelo amplificador elétrico e depois demultiplexados para a sua própria portadora por quadratura e o desmodulador QFDM obtém os dados de saída.

Na fase 1st, o sinal ótico é recebido por um fotodíodo PIN que converte o sinal ótico em sinal elétrico. Nesta simulação, este recebe sinais que também são ganhos pelo amplificador elétrico e, em seguida, desmultiplexados de volta à sua própria portadora pelo desmodulador de quadratura e QFDM para obter os dados de saída[32]. O sinal OFDM é recuperado da RF para uma banda de base por um demodulador de quadratura e, em seguida, o sinal é transmitido para o demodulador OFDM. Finalmente, é utilizado um descodificador de sequência QAM para descodificar o sinal e gerar um sinal binário como saída

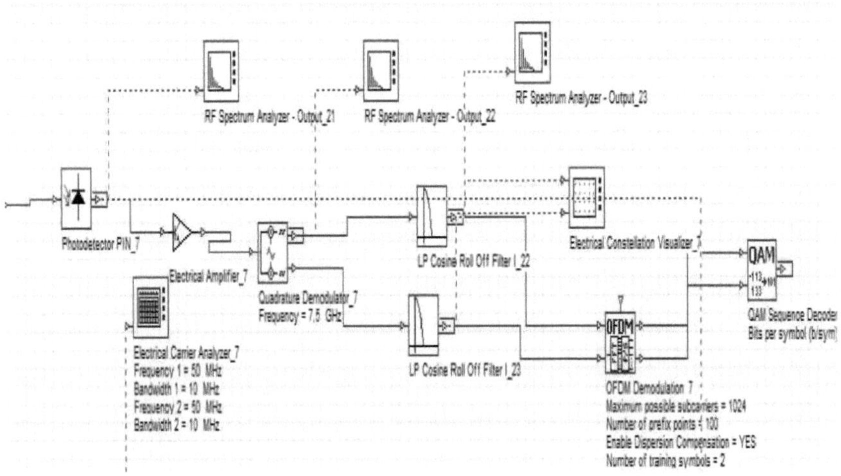

Figura 5.4: Secção do modelo do recetor OFDM- RoF

Como se pode ver no diagrama de blocos da Fig. 5.4, o processo de receção é simples: o sinal OFDM recebido será filtrado para obter o sinal de banda base correspondente e para ser amostrado na estrutura básica do sistema recetor OFDM. A saída do bloco de modulação FFT é a constelação recebida. Esta passa por um slicer 4QAM, que atribui os símbolos recebidos aos quatro pontos de constelação possíveis.

Tabela 2. Parâmetros do desmodulador OFDM

Taxa de bits	Taxa de bits/6
Número de subportadoras 39	512
Número de pontos FFT	1024
Número do ponto de prefixo	16

CHAPTER 6

Resultados da simulação e discussão

6.1 Introdução

Nesta parte, os resultados da simulação do sinal OFDM 4-QAM implementado para RF 7,5GHz através de RoF são discutidos e descritos para diferentes comprimentos de SMF. O modelo concebido é simulado utilizando o software Optisystem14 a diferentes distâncias.

6.2 Resultados da simulação

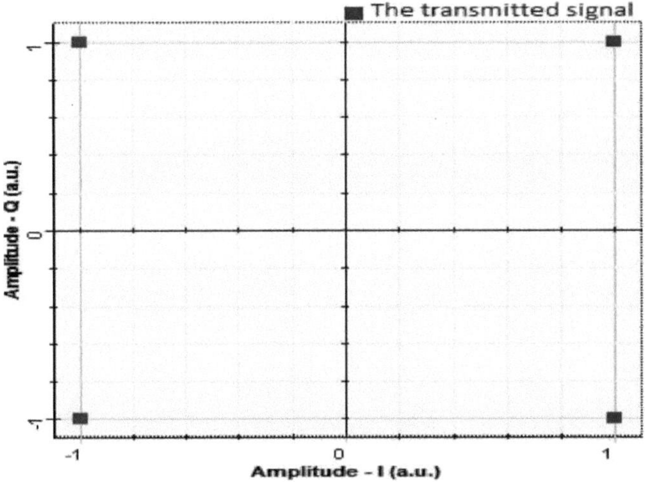

Figura 6.1 : Constelação para a transmissão do sinal OFDM-RoF no transmissor

A Figura 6.1 apresenta o diagrama de constelação do sinal de transmissão original para o modulador digital 4-QAM no transmissor. Um diagrama de constelação é utilizado para apresentar o sinal modulado em diagramas de dispersão bidimensionais. A interferência de distorção num sinal pode ser reconhecida pela forma do sinal que é apresentada no diagrama de constelação.

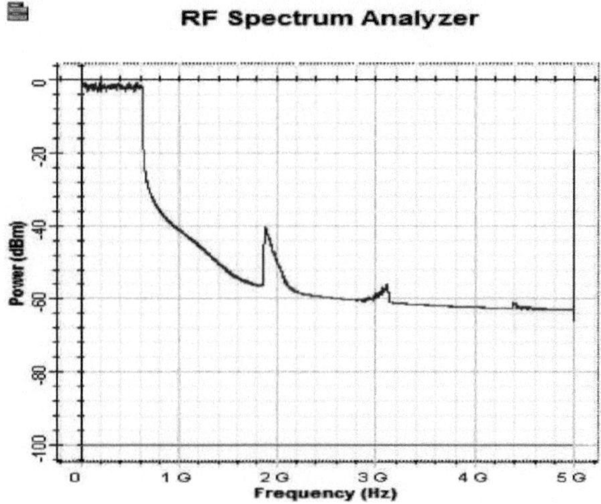

Figura 6.2 : Espectro de entrada RF para OFDM-RoF para SMF de 1000 km

A Figura 6.2 representa o espetro de RF do OFDM-RoF 4-QAM no transmissor para uma frequência portadora de 7,5 GHz e uma largura de banda de 5 GHz. O sinal é representado pela cor azul e o ruído pela cor verde.

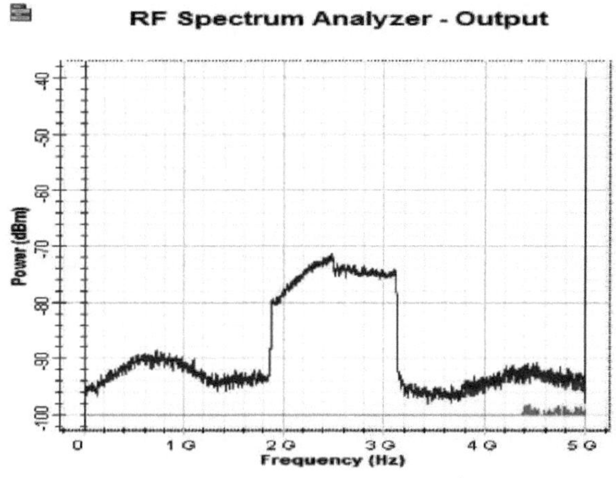

Figura 6.3: Espectro de saída RF para OFDM-RoF para SMF de 1000 km.

A Figura 6.3 representa o espetro de RF do OFDM-RoF 4-QAM no recetor para uma frequência portadora de 7,5 GHz e uma largura de banda de 5 GHz. No recetor, o sinal ótico é convertido num sinal elétrico utilizando o fotodíodo (PD). A potência da RF é medida a -66dBm. O sinal é representado pela cor azul e o diagrama de constelação é

41

mostrado abaixo.

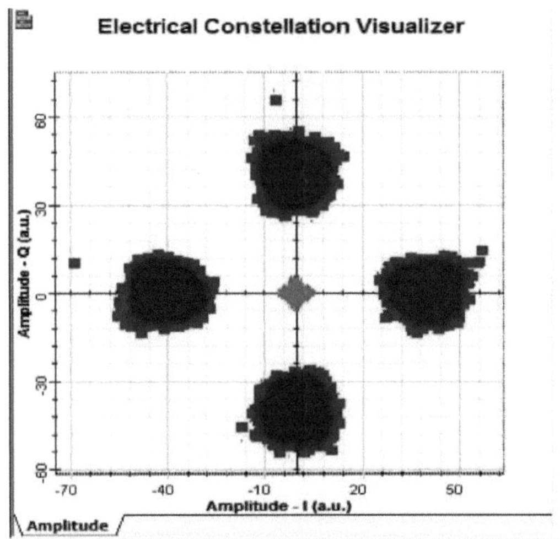

Figura 6.4: Diagrama de Constelação para Transmissão de Sinais OFDM-RoF no Recetor para um Comprimento de 1000 km SMF

A Figura 6.4 mostra o diagrama de constelação do sinal OFDM-RoF 4-QAM no recetor após 1000 km de SMF. A forma do diagrama de constelação do sinal no recetor é alterada quando comparada com a do transmissor devido à dispersão cromática, à atenuação da potência, ao ruído e à dispersão de Rayleigh. Como mostra a figura, os pontos vermelhos representam o sinal e os pontos azuis mostram o ruído que é gerado pelo díodo laser.

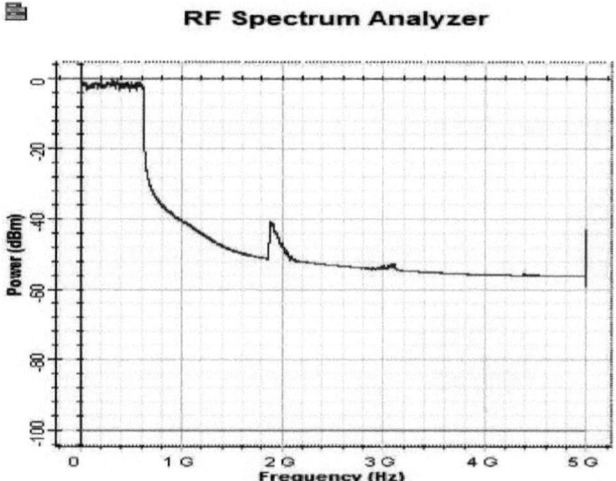

Figura 6.5: Espectro de entrada RF para OFDM-RoF para 1500km SMF

A Figura 6.5 mostra o espetro de RF no transmissor OFDM-RoF 4-QAM. Ao aumentar a distância, a qualidade do sinal diminui porque é adicionada mais atenuação à fibra. A transmissão é então aumentada de 1000km para 1500km SMF. O diagrama de constelação do sistema para isso é mostrado abaixo.

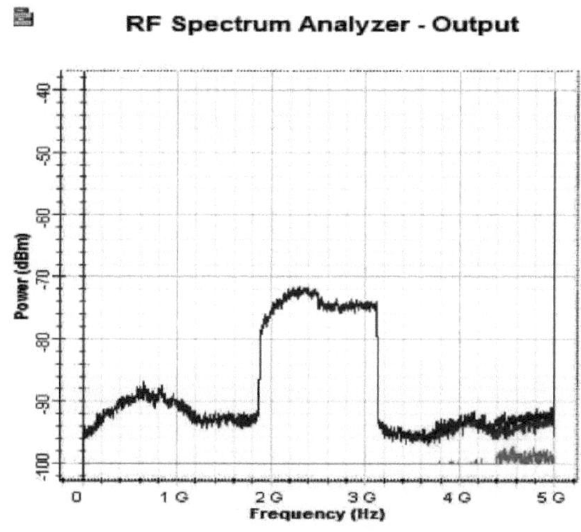

Figura 6.6: Espectro de saída RF para OFDM-RoF para 1500km SMF.

A Figura 6.6 mostra o espetro de RF no recetor 4-QAM OFDM-RoF. A qualidade do sinal diminui porque é adicionada mais atenuação à fibra. A transmissão é então aumentada de 1000km para 1500km SMF. O diagrama de constelação do sistema para isso é mostrado abaixo.

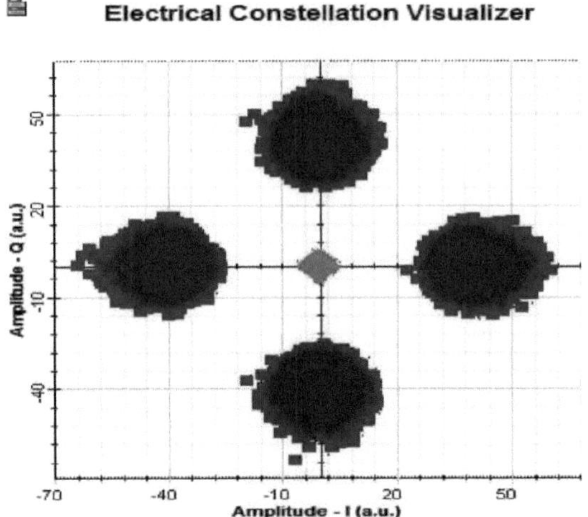

Figura 6.7: Diagrama de constelação após 1500km SMF

A Figura 6.7 ilustra o diagrama de constelação do recetor 4-QAM OFDM R-o-F a 1500km SMF. É evidente que as distorções aumentam no sinal após o aumento da transmissão devido ao ruído, à atenuação e à dispersão cromática. A quantidade de dispersão positiva aumenta à medida que a distância de transmissão aumenta, o que provoca um alargamento dos impulsos. Como resultado, os impulsos sobrepõem-se uns aos outros. Torna-se então difícil recuperar os dados devido à enorme quantidade de dispersão. Consequentemente, é muito importante ajustar a quantidade de dispersão positiva empregando uma fibra de compensação de dispersão.

CHAPTER 7

Conclusão e trabalho futuro

7.1 Conclusão

O trabalho de investigação desta tese é resumido neste capítulo e completado com a realização dos objectivos da investigação. Consequentemente, sugere-se e discute-se o trabalho futuro.

O principal objetivo desta tese é fornecer soluções eficazes para a crescente procura de grande largura de banda e elevadas taxas de dados, utilizando a tecnologia de rádio sobre fibra (RoF). O trabalho de pesquisa desta tese passou por três etapas para alcançar altas taxas de dados em transmissões de longa distância.

Em primeiro lugar, foi demonstrado o desempenho de sinais OOFDM de um utilizador transmitidos através de RoF para diferentes comprimentos de fibra ótica, aplicando a técnica do compensador de pós-dispersão para compensar a dispersão cromática positiva que limita a distância de transmissão.

Assim, são tidas em consideração várias distâncias para verificar o funcionamento correto do sistema. O envio de dados através de um sistema RoF foi comprovado a partir de simulações exaustivas para obter espectros de transmissão de sinal de alta qualidade, maiores distâncias de transmissão e baixo consumo de energia. Os resultados deste trabalho de investigação podem contribuir para o fornecimento de Internet sem fios a nível mundial com um consumo de energia significativamente reduzido por bit e uma redução dos custos de funcionamento da rede para que esta funcione de forma rentável.

7.2 Trabalho futuro

Após a simulação bem sucedida do OFDM via Rof para uma taxa de dados elevada, o trabalho futuro centrar-se-á na implementação do OOFDM em tempo real utilizando FPGAs ópticas. FPGA significa field programmable gate array e é um circuito integrado que pode ser concebido por um projetista.

Além disso, a qualidade do sistema pode ser melhorada através da aplicação de uma técnica OFDM codificada que utiliza uma série de códigos de correção de erros. Exemplos de modulação codificada são a modulação codificada por bloco (BCM) e a modulação codificada por treliça (TCM).

Referência

[1] Chang, R. W. (1966). Síntese de sinais ortogonais com limitação de banda para transmissão de dados multicanal. *The Bell System Technical Journal*, 17771793.

[2] B, S. J., & Islam, R. (2008). Distorção de sinais OFDM em ligações rádio-sobre-fibra integradas com um amplificador de RF e moduladores de electroabsorção activos/passivos. *IEEE Journal of Lightwave Technology*, 467477.

[3] Kim, H. B., & Wolisz , A. (2005). Uma *cimeira de* acesso sem fios baseada em rádio sobre fibra.

[4] Hsueh, Y.-T., Huang, M.-F., Fan, S.-H., & Chang , G.-K. (2011). Uma nova rede de acesso híbrido bidirecional centralizado Lightwave: Integração perfeita de RoF com WDM-OFDM-PON. *IEEE Photonics Technology Letters*, 1085-1087.

[5] S, C. A., K., O. U., & R, N. (2008). Estudo do desempenho de sistemas de comunicação sem fios OFDM rádio sobre fibra. *Conferência IEEE RF e Micro-ondas*, (pp. 335-338). Kuala Lumpur.

[6] Kaur, P., & Kaler, R. (2007). REDES DE RÁDIO SOBRE FIBRA . *Actas da Conferência Nacional sobre Desafios e Oportunidades em Tecnologias da Informação* (pp. 277-281). Mandi Gobindgar: RIMT-IET.

[7] Djordjevic, I., Ryan, W., & Vasic, B. (2010). *Coding for Optical Channels.* Nova Iorque: Springer.

[8] Mitschke, F. (2009). *Fibras ópticas: Physics and Technology.* Berlim: Springer Heidelberg Dordrecht London New York.

[9] Al Noor, M. (2013). *Redes verdes de comunicação por rádio aplicando a tecnologia de rádio sobre fibra para acesso sem fios.* Middlesex: GRIN Verlag oHG.

[10] Chomycz, B. (2009). *Planning Fiber Optics Networks (Planeamento de redes de fibra ótica).* Nova Iorque: The McGraw-Hill Companies, Inc.

[11] K.V, P., & M, B.-P. (1997). Função de transferência em série Volterra de fibras monomodo. *IEEE Journal of Lightwave Technology*, 2232-2241 .

[12] Jianxin, M., J, Y., Xiangjun, X., Chongxiu, Y., & Lan, R. (2009). Um novo esquema para implementar uma ligação duplex de rádio sobre fibra de 60 GHz com ondas milimétricas ópticas de banda dupla de 20 GHz transmitidas ao longo da fibra. *Optical Fiber Technology*, 125-130.

[13] A, D., A, N., N.J, G., I.J, G., J.C, B., & D, W. (2006). Projeto de redes interiores sem fios alimentadas por fibra multimodo de baixo custo. *IEEE Transactions on Microwave Theory and Techniques*, 3426-3432.

[14] Yin, H., & Richardson, D. (2007). *Optical Code Division Multiple Access Communication Networks: Theory and Applications.* New York: Springer.

[15] Anderson , D. R., Johnson , L. M., & Bell , F. G. (2004). *Solução de problemas em redes de fibra ótica: Understanding and Using Optical Time-Domain Reflectometers (Compreender e utilizar reflectómetros ópticos no domínio do tempo).* San Diego: Elsevier Academic Press.

[16] Brillant , A. (2008). *Digital and Analog Fiber Optic Communication for CATV and FTTx Applications (Comunicação por fibra ótica digital e analógica para aplicações CATV e FTTx).* EUA: SPIE e John Wiely & sons, Inc.

[17] Kartalopoulos , S. (2008). *Next Generation Intelligent Optical Networks (Redes ópticas inteligentes da próxima geração): From Access to Backbone.* Tulsa, OK: Springer.

[18] Headley, C., & Agrawal, G. (2005). *Raman Amplification in Fiber Optical Communication Systems (Amplificação Raman em sistemas de comunicação por fibra ótica).* San Diego: Elsevier Academic Press.

[19] Cox , C. H. (2006). *Ligações ópticas analógicas: Theory and Practice.* Cambridge: University Press.

[20] Keiser, G. (2011). *Optical Fiber Communications (Comunicações por fibra ótica).* Nova Iorque: McGrawHill.

[21] Dahlman, E., & Parkvall, S. (2009). *Communications Engineering Desk Reference.*Oxford: Academic Press.

[22] Kaminow, I. P., Li, T., & Willner, A. E. (2008). *Optical Fiber Telecommunications.*Burlington: Elsevier Inc.

[23] Binh, L. N., & Ngo, N. Q. (2010). *Lasers de fibra ultra-rápidos: Principles and Applications with MATLAB.* CRC Press: Nova Iorque.

[24] Okamoto, K. (2000). *Fundamentals of Optical Waveguides (Fundamentos de guias de onda ópticos).* Japão: Academic Press.

[25] Mollenauer , L. F., & Gordon, J. P. (2006). *Solitões em Fibras Ópticas: Fundamentals and Applications.* London: Academic Press.

[26] Vacca, J. R. (2006). *Optical Networking Best Practices Handbook (Manual de melhores práticas de redes ópticas).* Nova Jersey: Wiley-Interscience.

[27] Vasseur , J. P., Pickavet , M., & Demeester, P. (2004). *Recuperação de redes: Protection and Restoration of Optical, SONET-SDH, IP, and MPLS .* São Francisco: Morgan Kaufmann.

[28] Abas, A. F. (2006). *Chromatic Dispersion Compensation in 40 Gbaud Optical Fiber WDM Phase-Shift-Keyed Communication Systems.* Malásia.

[29] R.J , N., Park, Y. K., & P, G. (1997). Equalização de dispersão de um sistema de transmissão repetido de 10 Gb/s usando fibras de compensação de dispersão. *IEEE Journal of Lightwave Technology*, 31-42.

[30] M, N. S., & N, E. (2010). Um novo design para compensar a dispersão de fibras de cristal fotónico de rede quadrada nas bandas de comprimento de onda E a L . *Redes de Sistemas de Comunicação e Processamento Digital de Sinais (CSNDSP)*, 654-658.

[31] Chen , L., Lu , J., He, J., Dong, Z., & Yu, J. (2009). Um sistema de rádio sobre fibra com sinais OFDM 16QAM gerados por fotónica e reutilização de comprimento de onda para ligação de dados a montante. *Optical Fiber Technology, 222-225.*

[32] Dang , B. L., Larrode , M. G., Prasad , R. V., Niemegeers , I., & Koonen , A. (2007).Radio-over-Fiber based architecture for seamless wireless indoor communication in the 60GHz band. *Computer Communications*, 3598-3613.

Printed by Books on Demand GmbH, Norderstedt / Germany